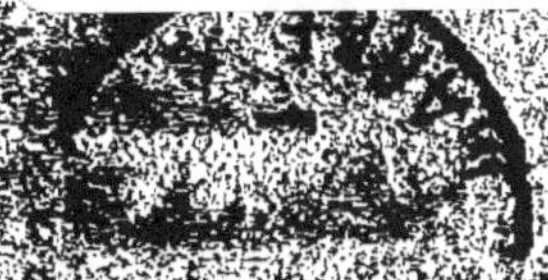

Un ancien cru français disparu

LE VIN DE LANGRES

CONFÉRENCE
faite le 15 Janvier 1911
par
M. le Chanoine Louis MARCEL
Vice-président
de la Société Historique et Archéologique

LANGRES
sous A. H. M.CGEE
1911

Un ancien Cru français disparu

LE VIN DE LANGRES

———

CONFÉRENCE

faite le 15 Janvier 1924

par

M. le Chanoine Louis MARCEL

Vice-président

de la Société Historique et Archéologique

———

LANGRES

AU MUSÉE

1924

Le Vin de Langres

Mesdames, Messieurs,

C'est vraiment — on ne le sait pas assez ! — un sol d'une richesse native absolument exceptionnelle que celui du promontoire rocailleux et élevé sur lequel Langres est assis.

Parmi nos anciens chroniqueurs, il n'en est pas un seul qui n'ait vanté, qui n'ait exalté, en termes presque lyriques, son extraordinaire « fertilité [1] » et c'est tout juste si, après en avoir énuméré, avec orgueil, les produits, ils ne se laissent pas aller à rééditer, à son adresse, la fameuse apostrophe du poète des *Géorgiques* à sa plantureuse Italie : « Salut, terre privilégiée dont les flancs généreux enfantent en si grand nombre de si excellents fruits ! [2] »

---

[1] C'est le mot, en particulier, dont se servent Odon Javernault et Denis Gautherot. Voir Javernault : *Mémoires et antiquités de la ville de Langres* tirés et extraits de plusieurs auteurs tant anciens que modernes et rapportés suivant l'ordre du temps (Ms. in-4º. Original dans la bibliothèque de M. le Comte René de Montangon, à Chatoillenot ; Copies dans la bibliothèque de la Ville (nº 144) et dans la bibliothèque du Musée, A. 63) : Ch. III : De la fertilité du territoire langrois ; — et Gautherot, *L'Anastase de Langres tirée du tombeau de son antiquité* (Langres, Boudrot, 1649, in-4º) : Première partie, Ch. IX : De la fertilité du pays langrois. — Vignier *(Décade historique du diocèse de Langres,* Langres, 1891) emploie une autre expression, mais sa pensée est la même. V. liv. I, chap. ii : De la qualité du terroir langrois.

[2] Virgile, *Géorgiques*, II, 173.

Mettons que, dans cet enthousiasme, il entre un peu d'amour-propre de clocher. Il n'en reste pas moins avéré que Langres et sa banlieue étaient, autrefois, une région quasiment de légende ; que la vie y était extraordinairement facile ; que, sans avoir besoin de recourir à l'importation, ceux qui y habitaient trouvaient sur place la plus grande partie des choses dont ils avaient besoin pour leur existence et que, en particulier, pour parler comme la Bible, « ils se nourrissaient » et se vêtaient « du travail de leurs mains, » ce qui, au dire de l'écrivain sacré, est ici-bas une des formes du bonheur[1].

Qu'en est-il devenu de cette rare prospérité agricole ?

Sans être ce que le poète appelle « un louangeur systématique du passé au détriment du présent, » il faut bien reconnaître que notre ville n'est plus, sous ce rapport, que l'ombre d'elle-même.

La productivité de son sol, très évidemment, n'a pas diminué ; « le trésor, » comme dirait La Fontaine, est toujours « caché dedans »[2] ; mais sa production, chacun de nous peut le constater, a singulièrement décru. Il ne

---

[1] Ps. cxxvii, 2 : « Labores manuum tuarum quia manducabis : beatus es et bene tibi erit. »

[2] La Fontaine, *Fables*, V, 9. — Et ce n'est pas seulement au figuré, disons-le en passant, c'est presque au propre qu'un « trésor » est caché dans les entrailles de *l'ager lingonicus*. Tout le monde sait que, en 1514, sous l'épiscopat de Michel Boudet, on y a trouvé des filons d'or et d'argent. C'est un grand érudit contemporain, Guillaume Budé, qui nous l'apprend dans son célèbre traité *De Asse* (lib. IV). Ses paroles sont à citer, car elles sont universellement ou, en tout cas, généralement inconnues : « Vidimus hoc anno (1514) ex lingonensi agro effossos lapides auro et argento intertinctos ex quibus aurum et argentum elicitur. Hos metallariis pro experimento dederunt. Qualis autem subesset, vere compertum erat. Is ager est in ditione Michaelis Bodeti antistitis lingonensis, viri et singulari ac multiplici eruditione præditi, tum vero ad pristinam normam continentiæ pontificiæ exacti. Cujus auspiciis metallarii opifices specimina auri argentique metallorum dederunt... » Javernault *(op. cit.*, p. 13) raconte, en outre, ce qui suit : « En 1600, un particulier de la ville de Langres, en faisant creuser en son verger, près des puits de la ville, au Levant, pour faire une fontaine, on découvrit une mine de pierres de laquelle on tira de l'argent, mais en petite quantité, pendant que le sieur de Lorme, Trésorier de France, séjournait à Langres et fit fouir cette place jusqu'à neuf ou

donne plus, à beaucoup près, ce qu'il donnait autrefois. Et que ne donnait-il pas ?

Il donnait — et en très grande quantité — un blé de qualité supérieure qui a eu l'honneur d'être chanté en héxamètres louangeurs et reconnaissants par le poète Claudien, un blé qui, en deux circonstances mémorables au moins, a marqué glorieusement — et ce qui vaut mieux encore : utilement — sa place dans l'histoire : en l'an 56 avant Jésus-Christ, d'abord, en nourrissant les légionnaires du vainqueur des Gaules [1] ; et, près de quatre siècles et demi plus tard, ensuite, en empêchant le peuple-roi de mourir de faim [2] ; un blé, enfin, dont il se faisait chez nous un trafic considérable [3] et dont la

dix pieds en terre où l'on trouva de la mine. Mais, comme cela appartient à Sa Majesté, on laissa là cette entreprise. » Ces citations sont, au moins, curieuses. Voit-on d'ici le sol langrois devenu une annexe lointaine, mais, tout de même, une annexe du Pérou et de la Californie !

[1] César, *De Bello gallico*, lib. I, 40. Cf. Camille Jullian, *Histoire de la Gaule*, t. II, p. 266.

[2] En 398, dans un de ces moments de crise frumentaire dont Rome souffrait périodiquement, Honorius, comme l'on sait, envoya Stilicon à Langres pour y acheter du blé, et Claudien dans des vers fameux, a commémoré l'éminent service rendu alors à la Ville Éternelle par la « laborieuse charrue » des Lingons (*De laudibus Stiliconis*, lib. III, 93-94) :

> Fecundo Tibris ab arcto
> Vexit Lingonico sudatas vomere messes.

Cf. Javernault, *op. cit.*, p. 19, et Vignier, *op. cit.*, t. I, p. 173. Le mot *Lingonico*, nous ne l'ignorons pas, vise le *pagus lingonensis* tout entier, c'est-à-dire tout le territoire occupé, avant 1731, par notre ancien diocèse. Mais s'il est vrai de l'ensemble de la région dont Langres était la capitale politique et administrative, il l'est aussi, il l'est en premier lieu, — de nombreux textes le démontrent, — de la banlieue proprement dite de cette ville. Il faut en dire autant des passages des autres auteurs latins où il est question des produits agricoles et industriels du « pays langrois. »

[3] Langres jusqu'à la Révolution (est-il besoin de le rappeler ici ?) a eu un Marché au Blé très fréquenté et où se vendaient les froments de toute la contrée et, en particulier, ceux du Bassigny. Ce marché dont l'agrandissement et la restauration ont, à plusieurs reprises, été l'objet des délibérations de nos assemblées municipales (V. Inventaire sommaire des Arch. de L., n° 478, 724 et 1312), était, comme l'on sait, situé en bas de la rue actuelle Pierre-Durand qui, jusqu'en 1869, s'est appelée rue du Marché au Blé.

transformation en farine occupait, rien que dans la région langroise, plus de vingt-cinq moulins [1]. — Il donnait du millet de toute première zone et qui à cause de cela était tellement recherché que, pour aider à son écoulement, le besoin s'était fait sentir de créer un marché spécial [2]. — Il donnait du chanvre qui était également renommé [3] et dont la manufacturation absorbait à Langres l'activité de deux florissantes corporations : celle des cordiers [4] et des tisserands [5]. — Il donnait des navettes superbes qui n'étaient pas seulement une source de riches profits [6], mais qui étaient encore l'occasion d'un agréable délassement, car, si nous en

[1] Sans parler de ses six moulins à vent dont deux étaient au Champ de Navarre et quatre hors de la porte de Bourgogne, au lieu dit Ouche (V. Archives de la Haute-Marne, G. 52, 53 et 715), il y avait, à notre connaissance, autour de Langres, au moins les moulins suivants : Moulin de la Fontaine, Moulin-Rouge, Moulin Saint-Sauveur, Moulin Marion, Moulin au Prévot, Moulin Jean Paul ou Moulin du Chapitre, Moulin de l'Hopital ou Moulin Gaucher, Moulin de la Maladière, Moulin Jacot, Moulin de Pouvans, Moulin de Nancery, Moulin Roy, Moulin Chapot, Moulin Neuf, Moulin de la Noblesse, Moulin Grados, Moulin Brûlé, Moulin Saint-Martin, Moulinot... Nous en passons, sans doute, et des meilleurs.

[2] C'était le Marché au millet. Il était voisin du Marché au blé.

[3] A lire les actes notariés de Langres d'avant la Révolution, on a l'impression que cette ville était entourée de chenevières.

[4] Les cordiers de Langres travaillaient, comme on sait, sous les remparts couverts de la ville. (V. Archives municipales, n° 247 et 450). En 1789, notre ville faisait, en outre, un grand commerce de chanvre écru avec Paris. Elle possédait en outre une manufacture de mules de corde, tant pour hommes que pour femmes, qui étaient très appréciées. « Elles avaient, dit L. Denis, la semelle de cuir et la couverture de cordes de chanvre, peignée, nattée et doublée de molleton. » V. son livre : *Le Conducteur français*, contenant les routes desservies par les nouvelles diligences, messageries et voitures publiques (Paris, 1778, in-8°), pp. 91-92.

[5] La corporation des tisserands, une des plus populeuses de la cité, existait dès le xive siècle. En 1789, on comptait à Langres jusqu'à 39 tisserands. Celles de nos rues où il y en avait davantage étaient la rue des Chavannes et la rue Saint-Gengoulph, aujourd'hui Richard-de-Foulon. Il en existait aussi beaucoup à Sous-Murs.

[6] L'agriculture étant la pourvoyeuse toute naturelle de l'industrie, la culture intensive de la navette autour de Langres était cause qu'il y avait en notre ville plusieurs huileries très occupées.

croyons nos vieux annalistes, un des passe-temps les plus recherchés des Langrois, à l'entrée de l'été, consistait à aller contempler, du haut des remparts Est de la ville, la vraie mer de safran que, de ce côté de la banlieue, formaient les navettes en fleur [1]. — Il donnait des fruits de toute espèce [2] qu'on vendait, eux aussi, dans un marché spécial qui se tenait régulièrement chaque dernier jour de la semaine, ce qui fait qu'on l'appelait communément le « marché du samedi [3]. » — Il donnait des légumes succulents que les devanciers de nos honnêtes, intelligents et laborieux jardiniers d'aujourd'hui venaient chaque matin offrir aux ménagères, au bas de la Grand' Rue, aujourd'hui rue Cardinal-Morlot, auprès de la chapelle de la Cène ou chapelle des Pignard [4]. — Il donnait, enfin (encore une fois, que ne donnait-il pas ?), il donnait des herbes parfumées et savoureuses qui servaient à deux fins : les unes étaient coupées et transformées en un foin fort estimé, pour la vente duquel un dernier marché avait été aménagé en Bel air [5] ; les autres étaient livrées à la pâture des animaux de la race ovine et à ceux de la

[1] La cueillette de la précieuse oléagineuse était une manière de petit événement pour la ville. Voir, par exemple, ce que dit Gousselin dans ses *Mémoires* (t. I, p. 51) sur la moisson des navettes d' « autour de la ville » qui eut lieu les 14, 15 et 16 juin 1723.

[2] Dans les chartes du moyen âge, il est très souvent question des vergers *(viridaria, vergeta)* qui sont dits situés sous la ville : *in quibus,* ont soin, presque chaque fois, de spécifier les actes, *sunt plures arbores.* En 1789, au dire de l'ouvrage de L. Denis cité tout à l'heure, il y avait tellement d'arbres fruitiers au faubourg des Auges qu'en le traversant, « on croyait traverser une forêt. » À propos des fruits de Langres, le P. Vignier va jusqu'à écrire : « Nous n'avons point icy, il est vrai, les fruits de la Provence. Mais elle n'a point aussy les nôtres, ni notre variété. » (V. Vignier, *op. cit.,* t. I, p. 11).

[3] Ou encore : *Forum fructuum.* Il était situé non loin du Marché au millet. V. Archives des Hôpitaux de Langres, I. B. 56, p. 615 et 673.

[4] C'était le *Forum olerum.* Il était situé à deux pas de la porte près de laquelle on apportait le pain pour le vendre et qui, à cause de cela, s'appelait la « Porte-au-pain, » *Porta ad panem.*

[5] V. Inventaire sommaire des archives de L., n° 115.

race bovine, et les uns et les autres s'en trouvaient à merveille. Les moutons de la banlieue de notre ville, dit Javernault, étaient « les meilleurs de France » — il dit *les meilleurs*, vous avez entendu ! — et sous le nom de « langriers, » au marché de la Villette du temps, ils étaient « tous très renommés à Paris, » tant pour la délicatesse de leur chair que pour la finesse de leur toison [1]. Et le grave avocat ajoute qu'il « s'en faisait un tel trafic, de son temps, que le Corps de Ville, voyant que cela apportait quelque dommage au public, s'opposa à ce grand commerce, mais que le Parlement de Bourgogne leva, par arrêt, cette opposition [2]. » Voilà pour les bêtes à laine. Quant aux bêtes à cornes, elles étaient doublement utiles. Le cuir des bœufs alimentait l'industrie de la tannerie et le lait des vaches, savamment manipulé par de soigneuses et vigilantes fermières — dont le talent n'est pas aujourd'hui tombé en déshérence, — fournissait cet excellent « fromage de Langres » qui, avec celui du « petit viaige » de Peigney [3], aide, encore aujourd'hui, à la digestion de quantité d'estomacs dans l'univers entier [4].

Ce n'est pas seulement l'aisance, comme vous le voyez, qui régnait en notre ville durant les siècles qui ont précédé la Révolution, c'est encore l'abondance. Et à lire cette esquisse, — car ce n'est, évidemment, qu'une

---

[1] Dès l'époque gallo-romaine, les laines langroises jouissaient d'une universelle réputation et étaient extrêmement appréciées. Les Romains les employaient à deux usages : d'abord à faire des matelas (V. Martial, *Epigrammata*, XIV. Cf. Camille Jullian, *Histoire de la Gaule*, t. II, p. 325, note 5), et ensuite à tisser des saies et des manteaux (V. Martial, *Epig.*, XIV, 157. Cf. C. Jullian, t. V, p. 240, note 9, et *Corpus Inscript. lat.*, XIII, 5705 et 11597). Au moyen âge, la « tiretaine » langroise, espèce de droguet, était très renommée et il s'en faisait un grand trafic. V. Archives de la Côte-d'Or, B. 11388.

[2] Javernault, *op. cit.*, p. 24.

[3] « Peigney, petit viaige — Teujo ben estimai — Tant pou sa bons fromaiges — que pou son beurre et son lait. » V. Frère Asclépiade, *Le noël de Peigney* en patois des environs de Langres précédé de quelques recherches critiques et bibliographiques (Langres, 1874, in-8° de 54 pp.).

[4] On connaît l'axiome hygiénique des vieux médecins de l'Université de Salerne : « Sine caseo non fit digestio. »

esquisse ! [1] — on croirait presque avoir sous les yeux un feuillet détaché de la description bien connue de ce pays de Cocagne dont le poète Legrand a jadis chanté la vie extraordinairement confortable et facile :

Veut-on manger ? les mets sont épars dans les plaines...
Les fruits naissent confits dans toutes les saisons.
Les chevaux, tout sellés, entrent dans les maisons [2].

N'exagérons rien cependant. Entre le féerique royaume de Cocagne et la banlieue langroise telle que je viens d'essayer de vous la peindre, il y a, jusqu'ici, une assez grande différence que, de vous-mêmes, vous aurez remarquée. Dans le premier, d'après la légende, le vin — et, naturellement, un vin succulent — coulait à pleins bords. En était-il ainsi dans la seconde ? Récoltait-on du vin à Langres et quel vin ?

C'est à cette double question que je voudrais essayer de répondre.

Vous le savez déjà, en effet, le but de ma conférence est de vous prouver qu'il y a eu un temps — un temps pas encore si éloigné que cela — où Langres produisait du vin, non pas, sans doute, assez pour sa consommation, mais, du moins, pour une bonne partie de sa consommation ; et que, sans avoir la prétention d'être un vin de toute première marque, ce vin non seulement se « laissait » boire, mais se « faisait » boire et que, bien qu'il n'ait jamais figuré sur la carte œnologique de France, il avait tout de même sa petite réputation.

Le sujet est d'ordre un peu technique. Quelque soin que j'aie pris pour que mon érudition, tout en restant sérieuse, ne soit point trop morose, il m'arrivera tout de même, forcément, quelquefois, d'entrer dans des détails scientifiques que certains d'entre vous pourront trouver arides.

[1] Une esquisse, ajouterons-nous, qui gagnerait, et beaucoup, à être développée. Qui donc nous donnera, un jour, l'Histoire agricole de Langres ? Qui donc, aussi, écrira son Histoire industrielle ? Ces deux ouvrages rectifieraient bien des conceptions fausses touchant l'ancienne société.

[2] V. Legrand, *Le Roi de Cocagne.*

Je m'en excuse d'avance.

D'avance aussi, j'invoque pour ma modeste parole votre bienveillance sur laquelle — laissez-moi vous le dire tout en commençant ! — je compte avec d'autant plus de confiance que, l'année dernière, à pareille époque et en une circonstance analogue, j'en ai déjà éprouvé les encourageants effets.

I

Le vin de Langres !

Je ne me le dissimule nullement, ce sous-titre que j'ai donné à ma conférence a quelque peu l'allure d'un para-doxe. Langrois comme vous l'êtes tous, c'est-à-dire gens avisés auxquels il n'est pas facile d'en faire accroire, il est plus que probable qu'il aura amené sur les lèvres de beaucoup d'entre vous un sourire plus ou moins scep-tique et que peut-être il en est plus d'un parmi mes audi-teurs qui, en lisant les affiches, aura cru à une joyeuse mystification historique.

Et, avant même d'avoir entamé mon sujet, j'entends, du haut de cette estrade, bruire à mon adresse, de tous les coins de cette salle, toute une litanie d'objections. Les uns, contre moi, allèguent les lois de la science ; les autres, les faits.

« Du vin de Langres, me disent les premiers, il n'a jamais pu y en avoir. La latitude du lieu ne s'y oppose pas, sans doute, d'une manière absolue. Mais son altitude est un obstacle. Ce qui est un obstacle, surtout, c'est son climat. « Jean Raisin et sa bonne mère la Vigne, » pour parler la langue volontiers personnificatrice de nos pères, sont des individus d'une constitution extrême-ment délicate et, pour ainsi dire, d'un tempérament de sensitives. Ils redoutent les courants d'air et ils abo-minent les changements brusques du thermomètre. Leur santé s'accommode mal ou, plutôt, ne s'accommode pas du tout des froids subits et prolongés. Comment voulez-vous, avec cela, que l'idée leur soit jamais venue ou leur vienne jamais de s'établir dans une région aussi... fantasque, aussi inclémente que la nôtre [1], qui est presque constamment exposée aux « rhumbs froids du nord et du nord-est, » où le thermomètre est si capricieux, où les gelées printanières sont si fréquentes, où les hivers sont si rigoureux ? Cela est, météorologiquement, impossible. »

Ce sont là les objections basées sur la science. Celles qui se réclament de l'histoire ne sont pas moins spécieuses.

En toutes choses, les absents ont tort. Or c'est précisément sur l'absence de la vigne au finage de Langres dans le présent que s'appuient mes autres contradicteurs pour contester sa présence, en ce même lieu, dans le passé. Ecoutez leur raisonnement :

« L'arbuste cher — cher et funeste — à Noé, disent-ils, n'existe plus aujourd'hui, à Langres, que sous la forme de plante de luxe et, pour ainsi parler, de curiosité horticole. Il n'y est plus représenté que par ces treilles que l'on voit, soit à la ville, soit à la campagne, tapisser les façades de certains logis plus cossus que les autres ou encore les murs de certains jardins plus favorablement exposés. Il n'y est plus cultivé que par des amateurs d'une grande virtuosité parfois, nous en convenons, mais qui, soit dit sans la moindre intention de déprécier leur mérite, n'ont pas plus le droit d'être qualifiés de vignerons que n'avaient le droit d'être qualifiées de bergères — quoi qu'ait pu leur dire, pour les flatter, le Théocrite sucré du temps, le marquis de Florian — les élégantes suivantes de la reine Marie-Antoinette qui, à la veille de la Révolution, passaient leur temps à mener paître, par des allées toujours impeccablement ratissées et sur des pelouses dont un art savant entretenait perpétuellement la verdure et la fraîcheur, les moutons pomponnés et musqués de la pseudo-métairie de Trianon. Or ce qui est maintenant, c'est évidemment ce qui a aussi été autre-

[1] V. sur le climat de Langres notre distingué compatriote, H. Masson, *Le Plateau de Langres*, Etude de géographie physique (Paris 1911, in-4°), pp. 9, 108 et suiv. et 109.

fois. Quoi qu'en susurrent quelques mauvaises langues, aux dires desquelles la solidité bien établie de la loyauté foncière de l'âme langroise ne permet absolument pas d'ajouter foi, il ne *se fait*, certainement, pas de vin en notre ville à l'heure actuelle. Une chose indubitable, en tout cas, c'est qu'il ne s'y en récolte point et que, par conséquent, il ne s'y en est jamais récolté. A aucune époque de son existence Langres n'a été vignoble. S'il l'avait été, du reste, comme dit l'autre, ça se saurait. »

Les arguments, comme on voit, sont pressants. Mais ils ne peuvent prévaloir contre les faits. Et les faits, vous allez vous en convaincre, prouvent, jusqu'à l'évidence, qu'il y a eu une époque où — tel un Silène antique — Langres apparaissait, aux yeux de ses visiteurs, tout enguirlandé de pampres verdoyants.

Cela ne se sait pas sans doute, comme on le disait tout à l'heure, ou, du moins, cela ne s'est pas encore dit jusqu'ici. Mais cela n'en est pas moins absolument incontestable.

A quelle date a été planté chez nous le premier cep ? Nous ne saurions, évidemment, le dire d'une façon précise [1]. Et nous en sommes, sur ce point, réduits à des conjectures. Rien ne prouve que Langres ait connu la vigne avant la conquête romaine. Mais il est absolument

---

[1] Personne n'ignore combien, malgré de très savants travaux (V. en particulier : Billiard, *La vigne dans l'antiquité*, Lyon, 1913, in-4° ; Curtel, *La vigne et le vin chez les Romains*, Paris, 1903, in-8° ; Beauredon, *La viticulture et l'antiquité*, Paris, 1892, in-8° ; Figuières, *Culture de la vigne chez les anciens*, Paris, 1883 ; et Jardé, art. intitulé *Vinum*, dans le *Dictionnaire des Antiquités*, 51° fascicule, pp. 912-924), il règne encore d'obscurité sur les débuts de la viticulture en Europe. Il est généralement admis aujourd'hui que l'art de la vinification remonte aux temps néolithiques. C'est, du moins, ce qu'affirme M. Joseph Déchelette dans son *Manuel d'Archéologie préhistorique celtique et gauloise*, t. I, p. 349. On considère comme certain que la vigne fut cultivée durant l'âge de bronze, dans la Haute-Italie. M. V. Lemoine, d'autre part, a publié, dans le n° du 7 mars 1885 de la *Revue scientifique*, un article d'où il résulte qu'il y avait des vignes en Champagne dès l'époque géologique. Mais jusqu'ici aucune constatation semblable, que nous sachions du moins, n'a encore été faite pour notre pays.

certain, par contre, qu'à partir de ce moment, il s'est mis à la cultiver avec ardeur.

Ce n'est pas, cependant, il faut bien le dire, qu'il y ait été beaucoup encouragé par ses nouveaux maîtres. Ce fut plutôt, au contraire, l'opposé qui se produisit.

Chacun sait, en effet, que relativement à la viticulture, les Romains pratiquèrent, en général, chez les peuples qu'ils avaient vaincus, une politique qu'on appellerait aujourd'hui une politique prohibitive. Poussés par une double crainte : la crainte que les vins d'Italie aient des concurrents au dehors et, par conséquent, y trouvent moins d'acheteurs ; la crainte, surtout, que la culture du vin y nuise à la culture des céréales, ils firent tous leurs efforts pour détourner les habitants de planter des vignes. Il fut même une époque où ils le leur défendirent expressément. En l'an 92, Domitien rendit dans ce sens un édit qui est resté célèbre [1]. Mais cet édit — heureusement ! — fut loin d'être universellement obéi [2]. En l'an 282, du reste, il fut formellement rapporté par un empereur qui, en cette circonstance, comme d'ailleurs en plusieurs autres encore, justifia son beau gentilice de : *Probus*, l'honnête homme [3].

Mais, indépendants de caractère, comme ils se sont toujours, et avec raison, glorifiés de l'être, les Lingons n'avaient, probablement, pas attendu l'abrogation de l'édit de Domitien pour replanter des vignes sur les coteaux dont leur ville est entourée. Une chose très sûre, en tout cas, c'est que, après qu'eut été rapporté l'édit de

[1] V. Suétone, *Vitæ duodecim Cæsarum*, DOMITIANUS, VII ; Philostrate, *Vita Apollonii*, VI, 42 ; Eutrope, *Breviarium historiæ romanæ*, IX, 11 ; Aurelius Victor, *De Cæsaribus*, XXXVII. Cf. Camille Jullian, *Histoire de la Gaule*, t. IV, p. 11-12 et 465, note 2 ; t. III, p. 99, et t. VI, pp. 188, 189 ; De Champagny, *Les Antonins*, t. I, p. 129.

[2] Au temps de Pline l'Ancien (*Hist. nat.*, XIV, 18, 43) les Séquanais du Jura, on le sait, s'adonnaient avec autant d'ardeur que de succès à la viticulture. Nonobstant la défense impériale, ils continuèrent.

[3] V. Vopiscus, *Historiæ augustæ scriptores*, PROBUS, XVIII, 8 : « Gallis omnibus permisit ut vites haberent vinumque conficerent. » Cf. C. Jullian, *op. cit.*, t. IV, p. 609, et de Champagny, *Les Césars du IIIᵉ siècle*, t. III, p. 176.

Domitien, ils se distinguèrent, entre tous les peuples de la Gaule, par leur zèle — c'est le mot de Javernault [1] — à « édifier des vignes. »

Nos ancêtres de l'époque gallo-romaine, quelques-uns d'entre eux du moins, s'adonnaient donc à la viticulture. Les preuves — et les preuves les plus frappantes de toutes les preuves : les preuves matérielles — abondent à l'appui de cette assertion. Il s'en trouve, en particulier, de nombreuses en notre Musée lapidaire, si riche (il faudrait dire : si opulent) en curiosités archéologiques de toute nature.

Qui ne connaît, par exemple, le bas-relief conservé en cet établissement sous le n° 282 et qui a déjà tant exercé la faculté divinatrice des savants ? Sa force probante en faveur de notre thèse est d'autant plus grande que, comme on le rappelait dernièrement [2], il a été découvert au bas de la montagne des Fourches, c'est-à-dire à un endroit où, comme il sera dit tout à l'heure, il existait un quartier de vignes considérable. On sait ce que représente ce précieux morceau de sculpture et probablement de sculpture langroise : un chariot à quatre roues chargé d'un tonneau ou, pour employer le terme technique, d'une *cupa* [3], traîné vers la droite par des mules que conduit, au moyen de guides, un homme armé d'un fouet, vêtu d'une tunique longue avec capuchon, et assis sur le devant de la voiture [4]. Bien évidemment, il s'agit là d'une scène de vendanges et, plus que probablement

---

[1] *Op. cit.*, p. 25. — Craignant que la postérité n'attribuât à un penchant d'ordre tout à fait inférieur l'ardeur viticole de ses lointains compatriotes, l'avocat langrois a soin d'expliquer que ce n'est pas l'amour du vin qui les poussait à cultiver la vigne. Il profite même de l'occasion pour leur décerner un haut brevet de sobriété dont il y a lieu d'être fiers pour eux : « Ce peuple, dit-il, est sobre et peu sujet à l'ivrognerie. »

[2] V. Marcel, *Pierre Guyot de Giey*, pp. 68-70.

[3] V. l'article *Cupa* (signé : E. Fernique) dans le *Dictionnaire des Antiquités* de Daremberg et Saglio.

[4] On peut en voir la reproduction dans l'article consacré à la porte de Longe-Porte par M. Girault de Prangey au t. I des *Mémoires* de la Société hist. et arch. de L., p. 140, planche 22, et dans Espérandieu, *Recueil des Bas-reliefs...*, t. IV, n° 3332, p. 275.

aussi, d'une scène de vendanges prise sur le vif et observée dans l'endroit même où elle a été représentée [1].

Mais ce n'est pas, il s'en faut, le seul monument rappelant la culture de la vigne à l'époque gallo-romaine qui existe dans notre Musée. Sans parler du célèbre autel de Bacchus [2] qui, de toute manière, est le n° 1 du Catalogue du Musée, est-ce que le n° 205 (fragment de stèle trouvé au cimetière de la citadelle, représentant un enfant vêtu d'une tunique longue bordée de franges et tenant, de la main gauche, une grappe de raisin enveloppée dans une feuille de vigne) [3], est-ce que le n° 285 (dé d'autel avec couronnement se rapportant au culte du dieu du vin [4]) ne suggèrent pas l'idée d'une population à laquelle sont familières toutes les choses de la vie viticole [5] ? Langres à cette époque récoltait donc du vin.

[1] V. Dezobry, *Rome au siècle d'Auguste*, t. IV, p. 145. — M. Hubert, dans les *Mélanges Cagnat*, pp. 281 et suiv., a soutenu, nous ne l'ignorons pas, cette thèse que les tonneaux ou *cupœ* représentés sur les monuments romains, et en particulier sur les bas-reliefs funéraires, étaient non des tonneaux à vin, mais des tonneaux à bière. Mais c'est là une opinion particulière à l'auteur, que les faits combattent et qui est rejetée par à peu près tous les archéologues. — M. Camille Jullian (*op. cit.*, t. VI, p. 185, note) émet, mais sous forme dubitative, cette idée que le vin contenu dans les tonneaux pourrait être du « vin importé. » Hypothèse, évidemment soutenable, mais qui soulève de nombreuses objections. Ce n'est pas ici le lieu de la discuter.

[2] V. Espérandieu, *op. cit.*, n° 3341, p. 319. La décoration de cet autel qui provient de Saint-Geosmes, se compose, comme chacun peut le voir, de douze sarments qui se croisent deux à deux.

[3] V. Espérandieu, *op. cit.*, n° 3258, p. 288.

[4] V. Espérandieu, *op. cit.*, n° 3233, p. 276.

[5] D'autres monuments, également trouvés à Langres, mais aujourd'hui malheureusement perdus, corroboreraient aisément, s'il en était besoin, cette conviction. En 1621, au dire de Javernault (*op. cit.*, p. 49), on découvrit en notre ville (il ne dit pas où) « une teste de Bacchus avec ses pampres d'une excessive grosseur. » Vignier raconte, d'autre part, qu'en 1640, en creusant près de la Porte-au-pain, on découvrit un Bacchus demi-nu, couvert seulement d'une peau de léopard en écharpe et tenant un raisin d'une main et, de l'autre, une espèce de thyrse. (*Décade historique*, t. I, p. 224). Cf. Id., *Recueil des inscriptions et autres monuments anciens de la Ville de Langres et lieux circonvoisins*, fol. 477. V. en outre Espérandieu, *op. cit.*, n° 3353.

Et de ce vin, disons-le en passant, il n'est nullement impossible qu'il existe encore, à l'heure actuelle, sur son sol, plus d'un échantillon.

Aucun de vous n'ignore que, au début du xixe siècle, on a découvert, dans une des caves de Pompéi, une amphore dont le vin était conservé depuis dix-huit cents ans. Dans l'histoire des vins vieux, c'est certainement un record. Or, qui voudrait assurer qu'un jour ne viendra pas où des fouilles un peu méthodiquement conduites — à ce plateau de Baume, par exemple, qui a été si maladroitement exploré il y a trois quarts de siècle, ou bien encore à cette Fontaine des Fées où le grand archéologue dont la France et, avec la France, la Haute-Marne ont eu, tout récemment, à déplorer la perte, M. Ernest Babelon, avait naguère trouvé un cachet d'oculiste romain, — n'aboutiront pas à l'invention de quelque amphore affilée et à la base pointue, contenant du vin du temps de Trajan ou de Constance Chlore, solidifié, sans aucun doute, devenu, comme celui de la cité italienne, semblable à un bloc de caramel brun Van Dick, mais tout de même intéressant à voir ?

Je regrette que la pioche heureuse et habile d'aucun de mes chers savants et honorés confrères de la Société Archéologique n'ait encore jusqu'ici fait une exhumation de cette nature.

Autrement, il m'eût été extrêmement agréable, croyez-le bien, d'ajouter au programme de cette séance, sinon une scène de dégustation manifestement impossible, au moins une scène d'ostension et d'appuyer, si je puis ainsi dire, ma leçon de paroles par une leçon de choses.

Mais disons adieu, quoique avec regret, à la période gallo-romaine de l'histoire du vin de Langres et abordons une autre époque.

Le goût de la population langroise pour la culture de la vigne, on le devine, persista durant tout le Moyen Age.

Et, est-il besoin de l'ajouter ? il fut puissamment encouragé, disons mieux, il fut favorisé dé toute manière, par les deux pouvoirs sous la juridiction desquels était, administrativement, placée la cité : celui de l'Evêque et celui du Chapitre. L'un et l'autre couvrirent de leur protection la viticulture langroise. Ceux-là seuls pourraient en être surpris qui ne savent pas les étroits rapports qu'il y a entre la vigne et son fruit d'une part et, d'autre part, le dogme chrétien. Est-ce que N.-S. J.-C., de fait, ne s'est pas défini Lui-même une « vigne » dont les fidèles sont les « rameaux » ?[1] Est-ce qu'il n'a pas aussi, plus d'une fois, assimilé son Eglise à une vigne ?[2] Est-ce que le premier miracle qu'il a opéré, en inaugurant sa vie publique, n'a pas été de changer l'eau en vin ?[3] Est-ce qu'il n'a pas choisi le vin pour la matière du plus auguste de ses sacrements ?[4] Est-ce que la Bible enfin ne vante pas, en plusieurs endroits, la joie que le vin fait couler dans les veines et dans le cœur de l'homme ?[5]

Rien d'étonnant, dans ces conditions, que l'Eglise ait, toujours et partout, entouré les ouvriers de la vigne d'attentions et presque de tendresses spéciales et que les meilleurs crus de France, ainsi que le démontre péremptoirement l'histoire, aient été plantés par des mains de moines. A Langres, en particulier, les évêques n'ont jamais cessé de s'intéresser à la viticulture. Ils avaient inséré dans leur Rituel une prière particulière pour les vignes[6], et chaque fois qu'une maladie quelconque menaçait sérieusement les vignobles de leur diocèse, ils s'empressaient d'ordonner des supplications publiques pour obtenir de Dieu la cessation du fléau[7]. L'un d'eux,

[1] Saint Jean, xv, 1-8.
[2] Saint Mathieu, xx, 1-16 et Saint Marc, xii, 1-9. Tout le monde sait par ailleurs quel grand rôle joue la vigne dans la symbolique du Christianisme. V. Martigny, *Dictionnaire des Antiquités chrétiennes*, v° *Vigne*.
[3] Saint Jean, ii, 1-11.
[4] Saint Marc, xiv, 23-26.
[5] Ps. ciii, 15 et Isaïe, xl, 20.
[6] V., en particulier, le *Rituale Lingonense* de Mgr de Simiane de Gordes (Langres, 1679, in-4°), pp. 250 et 290-292.
[7] C'est ce que fit, par exemple, à la fin du xv⁰ siècle, l'évêque Guy Bernard à Dijon. (V. Mathieu, *Abrégé de l'Histoire des Evêques de Langres*, p. 175). Trois quarts de siècle plus tard, on voit, par ailleurs, le Cardinal de Givry charger son vicaire général dans cette même ville de Dijon de sommer les « écrivains » et tous autres vers nuisant aux fruits des vignes (pyrales, cochylis et gribouris) de se retirer dans

que l'Eglise honore d'un culte public, S. Urbain [1], rendit même de tels services [2] aux vignerons que, par reconnaissance, ceux-ci le choisirent pour patron [3] et qu'il est souvent représenté par l'iconographie chrétienne tenant à la main, soit un raisin, soit un cep [4].

Les renseignements nous manquent sur la quantité de vin que produisait alors la région. Mais un document curieux va, par contre, nous éclairer sur sa qualité.

Vous savez tous ce que faisait, chez nous, le Corps de Ville, au sein duquel, pour le dire en passant, une urba-

leurs forêts, faute de quoi il les maudirait et lancerait sur eux la sentence d'anathème. L'original de cette adjuration est conservé aux Archives municipales de Dijon. On peut en voir les textes dans Lavallée et Garnier, *Histoire et statistique de la vigne et des grands vins de la Côte-d'Or* (Dijon, 1855, grand in-8° de 244 pp. avec atlas), p. 33. Ce que nos évêques ont fait à Dijon, ils ont dû aussi le faire, ils l'ont fait certainement, dans leur ville épiscopale.

[1] On n'est pas d'accord sur la date de son épiscopat, que les uns placent en 343, les autres en 430.

[2] André du Saussay, dans son *Martyrologe gallican*, dit qu'il défendit auprès de Dieu les vignes contre la gelée et la maladie : « Suo apud Deum patrocinio, vineas sæpius a pruina et ruina defendit. » Dans ses *Additiones* au *Martyrologe* d'Usuard, Molanus affirme, de son côté, qu'il a, maintes fois, conservé les vignes par ses prières : « qui vineas precibus suis conservavit. »

[3] Du moins dans certaines régions. Les vignerons de cette partie-ci de notre diocèse honoraient pour patron S. Vincent, et ceux de Dijon S. Martin. V. Garraud, *Ancienne confrérie de Saint Martin des vignerons de Dijon* in *Bulletin de littérature et d'art religieux du diocèse de Dijon*, 19e année (1901), pp. 12-18.

[4] V. *Acta Sanctorum*, III jan., pp. 104-107. Les images de S. Urbain, évêque de Langres, sont rares. Nous ne connaissons qu'un monument où il soit représenté avec un cep de vigne. C'est un méreau de la corporation des jardiniers de Maëstricht. V. Radowitz, *Iconographie der heiligen. Ein Beitrag zur Kunstgeschichte* (Berlin, 1834, in-8°), p. 45. On représente, on le sait, le pape S. Urbain Ier avec des attributs absolument identiques à ceux de l'évêque de Langres. C'est là, observe Molanus, la conséquence d'une confusion de noms qui, de la croyance populaire, est passée dans l'histoire et de l'histoire dans l'art. V. les *Acta Sanctorum, loc. cit.*, p. 104. Au total, conclut spirituellement le sage et savant hagiographe, il n'y a pas lieu pour les vignerons de se troubler, ni de se plaindre de cette dualité de patronages. Les deux Saints Urbain, le langrois et le romain, les protègent conjointement et simultanément. Abondance de protection ne saurait leur nuire !

nité toute française a toujours été de tradition, lorsqu'il arrivait qu'un personnage de marque vînt visiter la cité. Il s'empressait de lui offrir un vin d'honneur [1]. Et il le lui offrait — ce n'est pas, à coup sûr, dans toutes les villes qu'il eût été possible de raffiner de la sorte ! — dans quatre gondoles d'argent, véritables chefs-d'œuvre d'orfèvrerie, dont la garde était, exclusivement, confiée au maire [2] avec celle des clefs de la ville, et auxquelles avait été donné le nom de *Charmolues*, parce qu'elles avaient été données, par testament, à Langres, à la fin du xvıe siècle, par un Langrois de ce nom [3]. La nature — j'allais dire le mérite — du vin variait, naturellement, selon le rang social du visiteur et, vraisemblablement aussi, selon les services qu'on avait reçus de lui ou qu'on en attendait. Or l'histoire nous dit [4] que, à Langres, on distinguait quatre espèces de vin d'honneur qui, je ne sais pourquoi, portaient un nom d'animal : le vin de singe, le vin de lion, le vin de mouton et, enfin, le vin d'un quadrupède que la pruderie littéraire de La Fontaine trouvait messéant d'appeler par son nom et que, avec lui, je désignerai par la périphrase bien connue : « l'animal qui se nourrit de glands. »

Auquel de ces vins, évidemment, inégalement spiritueux et inégalement riches en saccharose, ressemblait le vin qu'on récoltait à Langres ? Combien titrait-il ? Etait-il aussi généreux que ce vin de Paris que Guy-Patin, le célèbre médecin du xvııe siècle, plaçait au même rang que le bourgogne et le champagne et qui, dit-il pittores-

---

[1] V. *Inventaire sommaire des Archives de L.*, passim.

[2] V. Gousselin, *Mémoires*, t. ııı, p. 91 : « On porta à M. Mariet (le nouveau maire) les tasses de Charmolue. »

[3] Jean de Charmolue. V. sur ce personnage qui avait, en outre, fait une fondation dont les revenus étaient employés à payer l'apprentissage, « la mise à métier » d'enfants pauvres de la ville, *Inventaire sommaire*, nº 401, 791-793, 1402.

[4] On traitait le vin avec infiniment de respect à Langres. En dehors des Charmolues, le Corps de Ville avait fait faire, en 1521, chez l'un des très nombreux potiers d'étain qu'il y avait alors chez nous, des pots d'étain, grands et petits, dont on se servait pour les vins offerts aux officiers du roi à certains jours de l'année. V. *Inventaire sommaire*, nº 420, 906, 992, 1146...

quement, « faisait sauter le bouchon dans sa petite colère » ? Je ne saurais le dire. Ce qui est certain, c'est qu'il était réputé. En voulez-vous une preuve ? Un des dramès religieux langrois dont je vous ai entretenus ici même, l'an dernier, *La vie et la passion de Mgr Saint Didier*, qui, comme je vous le disais, a été joué en notre ville en 1482, va nous la fournir. Elle se trouve au début de la seconde journée du Mystère. Commençons par reconstituer la scène. Crocus, un féroce chef de bandes barbares, campe en Germanie : les envahisseurs de cette espèce viennent toujours d'une Germanie quelconque ! Depuis quelque temps, ses troupes sont au repos. Il y a plusieurs semaines qu'elles n'ont pas eu l'occasion de satisfaire le penchant congénital qu'elles ont pour la pillerie ; manifestement leur inaction leur pèse. Crocus sent qu'il est urgent de donner un dérivatif au « cafard » qui commence à attaquer leur moral. C'est alors que, sous couleur de religion, il se décide à venir assiéger Langres. Il fait part de son projet à un de ses officiers d'ordonnance — un de ses « satellites, » dit Guillaume Flameng — qui s'appelait Godifer. A cette nouvelle, Godifer est transporté d'aise : « Ah ! tant mieux ! » s'écrie-t-il, avec un accent dont j'allais dire qu'il est un accent de race, car je m'imagine qu'une exclamation sinon absolument semblable, du moins analogue, dut s'échapper des lèvres de plus d'un des officiers et des soldats des armées qui tenaient garnison, exactement dans la même région, lorsque, le 2 août 1914, on leur apprit que la guerre était, enfin, déclarée et que le mot d'ordre étant : *Nach Paris*, elles auraient, en route, la possibilité de rendre visite — oh ! une visite pas uniquement de touristes ! — aux caves renommées des environs de Reims. « Tant mieux ! » s'écrie donc Godifer,

> S'il plaît aux images divins,
> Jupiter, Phœbus, Pluton,
> Nous irons boire des bons vins
> De Langres et d'Eulley-Cotton [1].

[1] V. Guillaume Flameng, *La vie et la passion de Mgr Saint Didier* (Paris, Techner, 1855), p. 156. En plaçant le vin de

Vous avez entendu !

« Nous irons boire des bons vins ! »

Si, en prêtant cette exclamation de dipsomane à l'un des chefs des bandes germaniques que commandait Crocus, si, en lui faisant prononcer un éloge aussi convaincu du fruit de la vigne, le bon chanoine langrois se montrait un ethnologue très exactement renseigné [1], en rangeant le cru de Langres parmi les crus dont l'eau (ou plutôt, dont le vin) venait, d'avance, à la bouche des barbares, il faisait voir combien grande était l'ardeur de son patriotisme local.

« Le bon vin de Langres ! »

On devine si ce brevet de succulence décerné au vin récolté sur notre plateau fut chaleureusement applaudi par l'auditoire.

L'enthousiasme dut être d'autant plus vif, dans l'assistance, que les vignerons y étaient, vraisemblablement, assez nombreux.

Ce qu'il y a de certain, c'est que leur corporation comptait alors à Langres un chiffre de membres respectable. Et, disons-le tout de suite, ce chiffre ne diminua guère avant le premier tiers du xviiie siècle.

Quand on parcourt les registres religieux de notre ville, il n'est pas rare, en effet, que l'on y rencontre des noms de vignerons.

Il s'en trouve dans chacune des trois paroisses de la ville ; à Saint-Pierre [2], à Saint-Amâtre et à Saint-

---

Langres sur le même plan que celui d'Heuilley-Cotton, Guillaume Flameng, notons-le ici, le met en bonne compagnie : « Les coteaux d'Heuilley-Cotton, écrivait Jolibois en 1860 (*La Haute-Marne ancienne et moderne*, HEUILLEY-COTTON), sont plantés de vignes qui produisent un vin assez estimé. »

[1] Guillaume Flameng avait évidemment lu Tacite : *De Germania*, xxii, « Diem noctemque continuare potando, nulli probrum, » et xxiii : « Si indulseris ebrietati suggerendo quantum concupiscent, haud minus facile vitiis quam armis vincentur. »

[2] Pour nous borner au xviie siècle, voici quelques-uns des noms que nous avons relevés dans les registres de cette paroisse de laquelle dépendait le faubourg de Brevoines : Jean Varney, vigneron demeurant à Brevoines (1er janvier 1645) ; Pierre Forgeot, vigneron (9 mai 1648) ; Didier Goffroyer,

Martin[1]. Seulement, au fur et à mesure que l'on approche de la Révolution, les noms se raréfient.

Grandeur et décadence ! ç'a été, au dire de Montesquieu, toute l'histoire de l'ancienne Rome. Ce fut aussi, s'il est permis de comparer les petites choses aux grandes, l'histoire de la viticulture langroise. Après avoir connu la prospérité, comme beaucoup d'autres industries langroises, très florissantes autrefois et qui ne sont plus aujourd'hui qu'un souvenir [2], elle connut le déclin et ce déclin aboutit graduellement à une complète disparition.

Quelles furent les causes de cette disparition ? Disons-le

---

vigneron (6 décembre 1649) ; Claude Pierre, vigneron demeurant à Brevoines-s-Langres (16 septembre 1659) ; Jehan Guillaume, vigneron (12 octobre 1661) ; Pierre Varney, fils de Jean Varney, vigneron à Brevoines (12 novembre 1665) ; Nicolas Magnié, vigneron demeurant sous Langres (20 août 1667) ; Nicolas Maignien, vigneron demeurant sous Langres (17 octobre 1669).

[1] Le faubourg des Auges, comme on sait, relevait canoniquement de Saint-Amâtre. Dans ses registres religieux on trouve cités les noms suivants au XVIIe siècle : Jean Miot, vigneron demeurant aux Auges (6 octobre 1668) ; Etienne Garnier, vigneron (21 mars 1670) ; Claude Arnoult, vigneron (22 avril 1670) ; Jean Page, vigneron (12 juin 1670) ; Jean Noblet, vigneron demeurant en Louot et sa femme Marguerite Mutel (17 février 1671) ; Michel Coissel, vigneron aux Auges aux Moines (3 février 1672) ; Regnier Lavet, vigneron (23 août 1672) ; François Rolin, vigneron (11 septembre 1673) ; Jean Levieux, vigneron (8 mars 1674) ; Michel Létalnet, laboureur et vigneron (8 avril 1677)... On trouverait bien d'autres noms dans les actes notariés.

Notons à St-Martin : Didier Jacquinot, vigneron à Langres (17 juin 1680) ; Nicolas Lecomte, vigneron aux Granges Saint-Brice (31 décembre 1688) ; Nicolas Constant, vigneron aux Granges Saint-Brice (8 janvier 1692) ; Nicolas Bordot, vigneron sous Langres (1er août 1693). Le hameau de Buzon, personne ne l'ignore, faisait partie de la paroisse Saint-Martin.

[2] Sans parler, par exemple, des cordiers, des couteliers et des tanneurs qui foisonnaient jadis à Langres, qui ne sait qu'il y avait autrefois chez nous nombre de professions qui n'y sont plus aujourd'hui représentées, notamment des amidonniers, des armuriers, des drapiers, des éperonniers, des faïenciers, des fourbisseurs, des gantiers, des hallebardiers, des huiliers, des maroquiniers, des merciers, des passementiers, des peigniers, des potiers de cuivre et d'étain, des tissiers ?... Il s'y trouvait même des fileurs de coton et des pêcheurs de profession. V. pour ces derniers les actes religieux de la paroisse Saint-Pierre aux 11 mars 1665, 13 octobre 1666 et 14 octobre 1669.

tout de suite et très nettement : on se tromperait absolument si, comme on l'a tenté quelquefois, on l'attribuait à un changement d'ordre général survenu dans les conditions climatologiques de la région. Des accidents météorologiques ont pu, évidemment, s'y produire en de certaines années, qui auront eu pour résultat de refroidir quelque peu, chez les vignerons langrois, l'amour de la vigne. Mais ce n'étaient là que des accidents. Notre climat, dans son ensemble, est certainement resté sensiblement le même ou, du moins, il n'est pas démontré qu'il se soit notablement modifié [1]. La décadence de la viticulture tient à d'autres raisons. Elle est la conséquence de certains faits sociaux et de certains faits économiques. C'est dire que ses causes sont extrêmement complexes.

La première est, sans contredit, la révolution qui s'opéra dans les mœurs au xviiie siècle. Les goûts devinrent moins simples, les repas moins frugaux. Et, sur les tables langroises, les crus étrangers détrônèrent, petit à petit, les crus indigènes [2]. Ces derniers avaient pourtant à l'estime du public un titre qui, au regard du patriotisme local, aurait dû, ce semble, leur assurer la place d'honneur. Mais on leur en préférait d'autres qui qui étaient plus liquoreux ou plus spiritueux.

[1] V. Marcel Dubois, *Géographie économique de la France* (Paris, Masson, in-12 de 550 pp.), p. 179.

[2] Les preuves abondent à l'appui de cette affirmation. Qu'on lise, par exemple, dans les *Mémoires* de Gousselin la description du banquet dit du Tâte-Vin de 1727 (t. ii, pp. 204-205) : « Au premier et au dernier service, dit le narrateur qui était en même temps l'amphitryon, on a donné du vin de pays. » Mais, dès l'entremets, on vit apparaître « les vins de Champagne et de Bourgogne. » Et, au dernier, on fit bien mieux (ou moins bien encore, comme on voudra !) on servit « du vin du Rhin, du vin de Palme, du vin de Paisan, du vin de Malvoisie et du vin d'Espagne. »
On appelait à Langres du nom quelque peu pantagruélique de Tâte-Vin, le repas que donnaient, chaque année, MM. du Présidial à l'occasion de la Saint-Louis. V. Brocard, *Gens et choses de Langres* (Langres, 1914, in-12), p. 50.
Il n'était pas rare de voir figurer sur les tables d'autres vins encore que ceux qu'on vient de citer : de l'Alicante, par exemple, du Rivesaltes, du Saint-Laurent, du Canaries, du Lacryma Christi...

Une circonstance, aussi, qui a dû contribuer à l'extinction du vignoble langrois, c'est le peu d'encouragement que les vignerons rencontraient dans le pouvoir central. Pour des raisons à peu près semblables à celles qui avaient motivé l'édit de Domitien dont nous parlions tout à l'heure, par crainte que le raisin ne nuise à l'épi, la Royauté — et, après tout, c'était peut-être sagesse économique de sa part, — au lieu de pousser à la plantation de nouvelles vignes, y mettait plutôt des obstacles [1].

Ce n'est pas la viticulture, vous vous en souvenez, que le Béarnais avait proclamée une des « deux mamelles de la France » : c'est l'agriculture, c'est le « labourage » !

Tout bien considéré, cependant, la meilleure explication de la décadence progressive de la viticulture dans la banlieue langroise, c'est peut-être, selon moi, la proximité d'autres vignobles par lesquels, si fécond qu'il ait été, le vignoble langrois devait nécessairement finir par être vaincu. Les crus du Montsaugeonnais, de l'Amance et de ce que l'on appelait la contrée du Môge, ont tué, si l'on peut ainsi dire, le cru langrois. A la veille de la Révolution, il est très très peu de familles chez nous qui n'aient eu, avec leur vendangeoir [2], une vigne, petite ou grande, dans l'une quelconque des localités de la région.

Dans ces conditions, il était difficile que les vignes de Langres ne vinssent pas à disparaître.

Elles ont en effet disparu complètement.

Ou plutôt, je me trompe, il en reste encore quelque chose.

Lorsqu'on parcourt la banlieue langroise, vous le savez comme moi, il n'est pas extrêmement rare que l'on rencontre, ici ou là, soit caché dans l'anfractuosité d'un « murger, » soit mêlé aux épines des halliers, quelque cep de vigne à demi sauvage auquel personne, d'ordi-

---

[1] V. les édits restrictifs de Charles IX en 1566, d'Henri III en 1577 et de Louis XV en 1731. Cf. Chéruel, *Dictionnaire historique des institutions de la France*, art. *Vignes*.

[2] Ces vendangeoirs existent encore en certains endroits, quelque peu modifiés, la plupart du temps même complètement transformés. Dans le nombre, il y en a quelques-uns qui ont appartenu au Chapitre.

naire, ne prête attention. Si l'un quelconque de ces ceps dédaignés qu'aucun sécateur intelligent ne taille au printemps, qu'aucune main amie n'émonde plus depuis longtemps en été et qui n'en fait pas moins consciencieusement son devoir de cep (car, en automne, il donne à son visiteur d'occasion tout ce qu'il est capable de donner, c'est-à-dire, au moins, du verjus), si, dis-je, un de ces ceps s'offre jamais à vous dans vos promenades autour de Langres, saluez-le respectueusement au passage. Il représente, en effet, une grande chose : la Tradition. Sous ses feuilles un peu recroquevillées peut-être se cache toute une page de l'histoire économique de notre cité. C'est un rescapé de la destruction des anciennes vignes langroises. Et qui sait s'il n'est pas un lointain descendant des ceps plantés là par les Gallo-Romains ? Qui sait, par exemple, à supposer que soit vraie la dramatique légende que vous connaissez tous, si parmi les nombreux pieds de vignes, tristement isolés, qu'on aperçoit encore sur le versant du plateau de Baume, il ne s'en rencontre pas un dont les ancêtres — car les végétaux eux-mêmes ont des ancêtres ! — ont eu l'honneur de fournir à notre héroïque compatriote Sabinus quelque grappe dorée que le fondateur manqué de l'Empire des Gaules égrenait, le soir, dans la grotte qui durant neuf années lui servit de cachette, de compagnie, cela va sans dire — et de moitié ! — avec son incomparable épouse, le vrai type, avant sainte Léonille, de la femme langroise, l'immortelle Éponine !...

II

Mais ceci est de l'imagination. Revenons à l'histoire.

Vous connaissez, maintenant, le passé des vignes de Langres. Il est temps que je fasse leur topographie. Il est temps que je vous indique les « lieux dits » de notre banlieue où elles étaient situées.

Pour achever, s'il en est besoin, de vous convaincre de leur existence, — il n'y a de tel témoignage que celui des yeux ! — le meilleur moyen, assurément, serait de vous y conduire et d'en faire la visite avec vous. Mais l'excursion serait peut-être un peu longue. Si vous le voulez bien, pour abréger, je me contenterai de vous montrer le vignoble langrois du haut de ce belvédère incomparable dont la nature et les hommes ont doté notre cité et dont elle ne s'enorgueillit peut-être pas assez : je veux dire le tour des remparts. Autrefois, comme vous le savez, il était couvert d'une galerie que nos pères, gens essentiellement pratiques, avaient établie pour le protéger contre les intempéries [1].

Entrons-y pour nous mettre à l'abri et regardons : de quelque côté que nous portions nos yeux, des vignes s'offrent à nous.

Nous sommes, si vous le voulez, en l'an 1650, à la fin de septembre. C'est le temps des vendanges :

> Là-bas, voyez-vous poindre au bout de la montée
> Les ceps aux feuilles d'or, dans la brume argentée ?
> L'horizon s'éclaircit en de vagues rougeurs,
> Et le soleil levant conduit les vendangeurs [2].

Les Fourches. Arrêtons-nous, d'abord, si vous n'y voyez pas d'inconvénient (il faut bien commencer quelque part !), devant la montagne des Fourches. De toute la banlieue langroise c'est, certainement, l'endroit je dirais le plus authentiquement langrois. Il est, pour ainsi parler, deux fois sacré. L'église chrétienne qui le couronne aujourd'hui, fait naturellement penser aux sacrifices druidiques que, très probablement, y offraient autrefois les Gaulois. Bien avant Jésus-Christ, c'était un lieu de culte. Durant le Moyen Age ce mamelon pittoresque — dont le nom, le nom historique, est *Voltereulles* ou *Vaytereulles*, et *Les Fourches* simplement le prénom

---

[1] L'existence de cette galerie est constatée dès le milieu du XVIᵉ siècle (V. Inventaire sommaire des Archives de L., nᵒ 729). Elle fut réparée, à plusieurs reprises, au milieu du XVIIᵉ (V. Ibid., nᵒˢ 931 et 934). Au début du XVIIIᵉ siècle, l'entrepreneur Leclerc travailla aussi à sa restauration. V. Gousselin, *Mémoires*, ff. 511-512.

[2] Victor de Laprade, *Idylles héroïques.*

— offrait un aspect quelque peu lugubre. Sa situation topographique, à laquelle il devait d'être vu de très loin, l'avait fait choisir pour l'un des lieux d'exécution [1] des condamnés à mort de la cité, et c'est alors qu'on avait dressé sur son sommet les poteaux ou piliers patibulaires [2] qu'on y voyait encore à la Révolution [3]. Ainsi s'explique le vocable sous lequel on le désigne couramment aujourd'hui, vocable plutôt terrifiant, mais dont les pampres qui tapissaient la sinistre colline tempéraient autrefois quelque peu l'horreur. Cette colline, en effet, était couverte de vignes au moins sur les pentes Sud et Est [4]. Dès l'époque gallo-romaine, il y avait là un *vinetum*. Et il y resta au moins jusqu'à la fin du XVIIIe siècle. Il était assez important pour que, au début du XVIe siècle, Prudent de Récourt, le « Maître de la Maladière, » c'est-à-dire le Directeur de la Léproserie voisine dite de Saint-Gilles, ait émis la prétention, à laquelle s'opposa le Corps de Ville, de le soumettre à un impôt sur la nature duquel l'histoire ne s'explique pas, mais qui devait être, évidem-

[1] « Un des lieux, » disons-nous. C'est que, en effet, il y avait encore à Langres d'autres endroits où l'on pendait les criminels. L'Inventaire sommaire des archives municipales parle quelque part (n° 1445) des Fourches de Grandpré.

[2] Au dire de MM. Péchiné et Mongin, ces poteaux auraient été au nombre de quatre (*Annuaire du diocèse de Langres*, 1838, p. 251). Il y en a quatre, en effet, figurés dans le tableau, bien connu, du martyre de Saint Didier qui est conservé en l'église de Saint-Martin et où Langres est représenté vu de Brevoines. Mais ce chiffre ne doit point, ce nous semble, être pris absolument à la lettre. D'après le droit féodal, le chiffre de quatre poteaux était indicatif de la justice d'un seigneur ayant le titre de baron (V. Renauldin, *Dictionnaire des fiefs*, I, 478). Or il n'y avait pas de justice proprement baronale à Langres avant la Révolution.

[3] Le Joanne de la fin du XVIIIe siècle, Louis Denis, dans son *Conducteur français*, en fait mention et les nomme : « Une justice. »

[4] Et peut-être aussi sur le côté Ouest, malgré le précepte, pourtant bien exprès, de Virgile, mais qui est loin d'avoir été toujours obéi :

Neve tibi ad solem vergant vineta cadentem.

(*Géorgiques*, II, 298). Cf. Bosson, *Études agronomiques sur les Géorgiques de Virgile* (Paris, 1869, in-12), p. 284, et Columelle, *De re rustica*, III, 12.

ment, assez productif, sans quoi il est probable qu'il n'eût pas été l'objet d'un procès [1]. Et, pour le dire en passant, elle devait présenter un aspect singulièrement pittoresque, la vieille montagne sur laquelle la préhistoire et l'histoire ont, tour à tour, marqué leur passage, durant la saison de la cueillette des raisins ! Du haut de notre observatoire, qui en est peu distant, il est facile de voir et d'entendre les vendangeurs et les vendangeuses. Et c'est une vraie fête pour les yeux que de les regarder se mettre à la besogne :

> Avec des cris joyeux, ils entrent dans la vigne.
> Chacun dans le sillon que le maître désigne,
> Serpe en main, sous l'arbuste a posé son panier.
> Honte à qui reste en route et finit le dernier ! [2]

Mais ne nous laissons pas hypnotiser par ce tableau, si charmant qu'il puisse être. Notre tour de remparts ne fait que commencer. D'autres spectacles, également bien prenants, nous attendent. Avançons seulement de quelques pas. Voici Brevoines.

Brevoines. Pays à vergers et, par conséquent, pays à fruits, ce petit hameau qui occupe une si grande et si belle place dans l'histoire économique de Langres, grâce surtout à sa parcheminerie et à sa minoterie, devait, nécessairement, être aussi un pays à vignes. Son poétique coteau, si gentiment chanté par l'auteur anonyme du *Noël* bien connu : « Sus, Langrois, parlons de rire » [3], l'y prédestinait véritablement. Et il suffit de jeter un coup d'œil sur le cadastre [4], pour se convaincre qu'il n'a

---

[1] V. Inventaire sommaire des arch. de Langres, n° 908. En 1675, le Corps de Ville eut encore à s'occuper des vignes de Vaytereulles et il prit à propos d'elles une délibération dont l'objet ne nous est pas connu.

[2] Victor de Laprade, *op. cit.*

[3] A la nouvelle que le Messie, si longtemps attendu, est enfin venu au monde, le coteau de Brevoines fait, dans le poème, ce qu'ont fait les montagnes de Judée à l'annonce du passage miraculeux de la Mer Rouge par les Israélites ; il bondit de joie et fait mine de partir pour Bethléem où s'est accompli le grand mystère :

> La montagne de Brevoines
> Semble déjà y courir.

[4] Section F, n°⁸ 776 à 795.

pas été infidèle à sa vocation. Il existe, en effet, à Brevoines une contrée qui s'appelle *Sous les vignes*. C'est donc, à n'en pouvoir douter, que ce faubourg a eu, jadis, des vignes. Et les documents sont légion qui démontrent qu'il en a possédé de nombreuses et d'extrêmement fécondes. Il s'y en trouvait, au moins, en trois endroits.

Et d'abord au lieu dit : *La Chalouze*. On appelle ainsi, plusieurs d'entre vous le savent sans aucun doute, la contrée qui commençant à la légendaire fontaine de l'Arbolote, autrefois si chère à nos pères [1] et, aujourd'hui, bel et bien oubliée, pour ne pas dire délaissée, s'étend de chaque côté du ruisselet affluent de la Bonnelle qui en descend, et va finir vers le sentier qui conduit de Saint-Sauveur à la Pointe au Diamant. Or, il n'y a pas plus d'un demi-siècle, on voyait encore, au moins à l'état sporadique, des vignes sur cette colline et nous avons la preuve qu'il en existait déjà dès la fin du xvıe siècle [2].

Non loin de là, à gauche vraisemblablement du chemin qui va de Langres à Perrancey, se trouvait le coteau de *Froides Rives*. Lui aussi, quoique son nom évoque dans l'esprit l'idée d'un endroit où le raisin n'a guère de chance d'arriver à maturité, était couvert de vignes. Sur plusieurs d'entre elles, l'église Saint-Pierre et Saint-Paul de Langres, dont Brevoines dépendait au point de vue religieux, se trouvait, au xvıe siècle, avoir des droits de cens [3]. Mais le coin du finage de Brevoines où les vignes,

---

[1] Le *Noël* que nous citions tout à l'heure évoque son souvenir en compagnie de celui de la Fontaine au Bassin. Au dire de L. Denis (*op. cit.*, p. 82), quand « les bourgeois de Langres étaient en partie de plaisir en ces parages, c'est dans ces eaux qu'ils mettaient rafraîchir leur vin. »

[2] V. à l'Etude de Mᵉ Georges Martin (précédemment Emile Aubert) l'acte en date du 19 avril 1624 par lequel Bonne Diderot, veuve d'Etienne Garnier, coutelier, vend à sa belle-fille Guillemette Garnier un verger, peuplé d'arbres fruitiers, « avec les vignes y estant, contenant en sa totalité un journal et demi et dix toises, sis au lieu dit La Chalouze. »

[3] Ces droits étaient constatés dans des titres en parchemin datés de 1506 et 1507 que conservaient soigneusement jadis les archives de l'église et dont l'existence nous est révélée par l'Inventaire de la paroisse Saint-Pierre qui se trouve actuellement à la Bibliothèque de Langres (Mss. nᵒ 63) et qui a été dressé en 1726. C'est, sans doute, dirons-nous en pas-

malgré tout, étaient les plus nombreuses était encore celui des *Roches*. A plusieurs d'entre elles étaient adjointes des maisons dans lesquelles habitaient ceux qui les cultivaient[1]. Plusieurs aussi étaient, comme les précédentes, grevées de redevances envers l'église de Saint-Pierre et Saint-Paul[2]. Le plus grand nombre étaient exemptes de tout cens[3].

Ne quittons pas ces vignes de Brevoines avant d'avoir constaté qu'il s'y rattache un fait historique fort intéressant. Le 8 juin 1643, « les gredins du Comté », comme les appelle, avec une énergie de langage plus militaire qu'ecclésiastique, le bon curé d'Hortes, Clément Macheret, qui, du reste, était payé pour ne pas les aimer, « étant venus pour saccager Brevoines, une bataille s'en suivit dans les vignes au cours de laquelle fut tué un soldat ennemi[4]. »

Le souvenir des modestes vignes de Brevoines se trouve

sant, à ce groupe des vignes de Froides Rives que se rattachent les vignes que, sans les situer autrement, l'abbé Daguin mentionne ainsi dans ses manuscrits (t. xviii, p. 195) sous la date de 1570 : « Deux fauchées de pré tenant au viam commun devers les vignes. »

[1] A la date du 1er août 1693, les actes religieux de Saint-Martin enregistrent l'inhumation de « Nicolas Bordet, vigneron sous Langres, aux Roches. » Un acte en date du 25 mai 1719 reçu Belier (Etude de Me Georges Martin) mentionne la vente, par Anne Riandé, veuve de Pierre Forgeot, vinaigrier, à Pierre Forgeot, également vinaigrier, entre autres immeubles de « deux petites maisons sises sous cette ville, situées aux Roches, entourées de deux ouvrées de vignes à présent réduites en terres labourables. »

[2] V. dans l'Inventaire de l'église Saint-Pierre cité plus haut, l'énumération des cens que possédait la paroisse (ff. 12 et 13). Parmi les titres cités, deux sont de 1513, un de 1514 et un de 1635. Les vignes mentionnées sont d'une étendue relativement importante : deux, quatre, six, dix ouvrées.

[3] V. en l'Etude de Me Georges Martin l'acte du 9 janvier 1689 (reçu Milleton) par lequel Sébastien Mongin, coutelier, achète à divers « une pièce de vignes contenant huit ouvrées situées aux bannie et finage de Langres, lieu dit les Roches, où il y a une maison et des arbres fruitiers. » Voir aussi dans l'Inventaire sommaire des archives de Langres, n° 1411, la mention d'un procès soutenu par la Congrégation de Saint-Didier « au sujet d'un cens de 10 sols sur huit ouvrées de vignes sises au-dessus de Brevoines, » c'est-à-dire aux Roches.

[4] V. Clément Macheret, *Journal*, t. I, p. 275.

ainsi être mêlé à l'un des plus grands événements de l'histoire moderne : la guerre de Trente ans. C'est là pour elles comme une manière de noblesse. Je connais, et vous aussi sans doute, plus d'une vigne qui n'a pas de pareils souvenirs à graver sur son blason.

Mais abstenons-nous de réflexions et continuons notre ronde ampélographique.

Buzon. Aux coteaux de Brevoines succèdent ceux d'un autre hameau de Langres dont le vocable, il est vrai, n'est guère poétique, mais dont les rochers, dont les buissons le sont de reste. Il n'en est presque pas un parmi eux, en effet, qui ne sache quelque histoire, triste ou gaie, qui, s'il se mettait à la raconter, fournirait aisément matière à plusieurs émotionnants poèmes. N'est-ce pas, en effet, à la fois, pour ne citer que cet exemple, une ravissante idylle et une bien attristante tragédie que l'histoire de cette pauvre Cécile Blaze, une des plus touchantes héroïnes du folklore langrois, dont les fées d'en face, généralement, cependant (je tiens à le dire à leur honneur), beaucoup plus bienveillantes, firent une veuve avant qu'elle ait été une épouse, en lui enlevant au matin même de ses noces son fiancé Mandola qui, malgré leur défense, s'était endormi à une distance insuffisamment respectueuse de leur austère fontaine [1] ?

Vous avez tous nommé Buzon.

Un mauvais versificateur, qui par ailleurs était un bon langrois et qui vivait à la fin du XVIIIe siècle, raconte que de son temps, on trouvait en toute saison en ce faubourg

> Dans ses grottes, sous son feuillage,

non seulement des « œufs frais, » mais encore du « laitage. » Lombard a dit vrai. Mais il n'a pas exprimé toute la vérité. Il eût dû écrire : « un double laitage. » Ce n'est pas seulement, en effet, le lait des enfants que l'on trouvait à Buzon, à la veille de la Révolution : on y trouvait aussi le lait des vieillards. De nombreux actes notariés

---

[1] On trouvera le récit de cette charmante et navrante légende dans *La Haute-Marne, Revue champenoise* (Chaumont, 1856, in-4°), pp. 10-12 et 22-24.

attestent l'existence d'une quantité de vignes en ce charmant coin de notre banlieue [1]. On en voyait beaucoup, en particulier, dans la grande contrée située au-dessous du hameau de Nancery et dont les diverses parties — on ne sait pas au juste pourquoi — étaient placées sous le patronage de S. Brice, le successeur de S. Martin sur le siège épiscopal de Tours [2] : Champ Saint-Brice [3], Sous le Champ Saint-Brice [4], Pré Saint-Brice [5], Grange Saint-Brice [6], Pertuis Saint-Brice [7].

Poursuivons notre exploration du vignoble langrois. Activons-la même le plus possible et ne nous attardons pas à dénombrer toutes les vignes dont la vue peut s'offrir à nos regards. C'est le cas de répéter la parole célèbre : « Elles sont trop ! »

Brûlons, si vous le voulez bien, pour abréger d'autant notre inspection, les vignes de *Saint-Geosmes* [8]. Hâtons-

[1] V. aux Archives des Hospices de Langres, I, B. 7, 3ᵉ liasse, un acte daté du « mercredi après la Saint-Martin de l'année 1461, » par lequel Thibaut de Faverolles achète une vigne de quatre ouvrées située au Pertuis Saint-Brice. Et en l'Etude de Mᵉ Georges Martin, un autre acte, reçu Dubois, et portant la date du 13 février 1750, par lequel Nicolas Degalisse vend une vigne sise au finage de Buzon.

[2] Le culte de S. Brice, très répandu au Moyen Age dans toute la France, ne se serait-il pas établi à Langres à la suite et comme un complément logique de celui de S. Martin ?

[3] V. Cadastre, Section D, 475 bis.

[4] V. Id. ibid. 298-307.

[5] V. Id. ibid. 481-485.

[6] V. Id. ibid. 415-447.

[7] Nous ignorons le point précis de la contrée que désigne ce vocable qui, aujourd'hui, a disparu du cadastre.

[8] Ce village que, je ne sais pourquoi, Lombard déclare avoir été « maudit de Palès, » n'était, certainement, pas maudit de Bacchus. On y cultivait la vigne avec succès. Nous en avons de nombreuses preuves. V. en particulier, à l'Etude de Mᵉ Georges Martin, l'acte du 16 mars 1690 (reçu Milleton) où l'on voit Françoise Petit, veuve d'un maître tixier en toile, vendre à Nicolas Petit, bourrelier, moyennant la somme de 210 livres, « une pièce de vignes située au finage de Saint-Geosmes de la contenance de onze ouvrées ou environ, dans laquelle il y a une maison et un puy... »

Notons ici que l'on trouvait également des vignes dans tous les autres villages confinant à la banlieue langroise. A Perrancey (V. à l'Etude de Mᵉ Georges Martin, les actes (reçus Dubois) des 3 décemb. 1752 et 13 décemb. 1761). A Peigney (V. à la même Etude l'acte (reçu Dubois) en date du 22 décemb. 1755). A Champigny (V. toujours à la même Etude l'acte du 19 juin 1774)...

nous d'arriver au *plateau de Baume*. Ce coteau pittoresque qui à son intérêt esthétique joint un si puissant intérêt archéologique et religieux [1], a joué un très grand rôle dans l'histoire économique et, en particulier, dans l'histoire viticole de Langres.

Baume. Son exposition au levant le rendait merveilleusement propre à la culture de la vigne. Par qui y fut-elle plantée ? Probablement par les nombreux ermites qui, comme on le sait, se succédèrent sur ce plateau durant plusieurs siècles et qui, entre deux méditations sur la mort, s'amusaient à bêcher et à émonder des ceps. Il est à coup sûr des récréations moins utiles, il en est surtout de moins innocentes. Ce qui est certain, c'est qu'il y avait à Baume un vignoble considérable. Pieusement placé à l'ombre du sanctuaire de Celle que l'art chrétien a, plus d'une fois, représentée sous les traits de la « Vierge au raisin, » il débordait de beaucoup le plateau de Baume proprement dit et occupait une bonne partie du coteau qui s'étend à l'Est et au Midi. Vous n'attendez pas de moi que je vous apporte toutes les preuves de son existence [2]. Si je faisais seulement mine de vous les fournir, vous seriez en droit de me dire ce que, au rapport de l'histoire, disaient certains des élèves de l'Ecole Polytechnique au grand mathématicien Monge lorsque celui-ci leur annonçait qu'il allait procéder à une démonstration de théorème : « Ne prenez pas cette peine, Monsieur, nous nous fions à votre honnêteté et nous vous croyons sur parole. » Mais tranquillisez-vous, j'ai deviné votre désir. Et je le trouve légitime. S'il y a le « maquis de la procédure, » il y a aussi ce qu'on pour-

---

[1] V. Marcel, *Une excursion archéologique dans la campagne langroise. Le plateau de Baume* (Langres, in-8° de 40 pp.).

[2] V. en particulier, aux Archives des Hospices de Langres (I, R. 7, 3° liasse), les actes d'accension à l'Hôpital Saint-Laurent de plusieurs des vignes situées en Baume, portant les dates de 1469, 1471, 1472 et 1495. Dans quatre de ces actes, les acquéreurs déclarent acheter les terrages qui leur sont vendus « pour les adplanter en vignes. » Ce n'est pas l'unique preuve que nous ayons de la multiplication des plantations en cette fin du xv° siècle où la France, délivrée des terreurs de la guerre de Cent ans, se reprenait à vivre et à espérer.

rait appeler « le maquis de l'érudition. » Je me garderai bien, à propos des vignes de Baume, de m'exposer à vous y perdre. Je me contenterai de constater à leur sujet que beaucoup d'entre elles étaient la propriété d'habitants des Auges, encore un hameau de Langres, qu'on me permette de le noter en passant, qui a fourni plus d'une page curieuse et honorable à l'histoire économique de notre cité !

Mais hâtons-nous d'achever notre randonnée. Avant de revenir à notre point de départ, c'est-à-dire vis-à-vis des Fourches, nous pourrions encore faire plus d'une halte qui certainement vous intéresserait, notamment en Venoye, sous la tour Saint-Fergeux, où, dès la fin du xvie siècle, la présence des vignes est constatée par des documents officiels [1], et sous la porte Longe-Porte où un acte notarié tout au moins — évidemment il n'est pas le seul ! — nous révèle qu'il existait là, en 1697, une vigne « de la contenance de quatre ouvrées » et qu'elle appartenait à un propriétaire de marque : très haut et très puissant seigneur François Heudelot, écuyer, seigneur de Montesson et, selon la formule légèrement orgueilleuse de l'époque, « d'aultres lieux [2]. » Mais il est temps, il est plus que temps de clore notre exploration et de donner enfin la parole à cette savante Société musicale pour laquelle, certainement, vous êtes venus ici beaucoup plus que pour l'orateur et dont les harmonieux accords sont,

---

[1] V. Inventaire sommaire des Arch. de L., n° 940.

[2] V. à l'étude de M° Georges Martin, l'acte (reçu Milleton) du 20 septembre 1697 par lequel François Heudelot vend la vigne en question à Didier Thevenot, laboureur, demeurant sous la porte Longe-Porte, et à son épouse Marguerite Argenton.

En dehors des vignes dont nous venons d'indiquer, d'une manière précise, la situation topographique, on en trouve mentionnées dans les documents une quantité d'autres, mais sans indication de lieu. V. par exemple, Inventaire sommaire des Arch. de L., n° 937 : 1429-1438. « Salaire à des ouvriers qui ont tiré le gros Veuglaire contre l'armée d'Antoine de Vergy ravageant les bleds et les vignes autour de Langres. » Cf. Daguin, Mss., t. XVII, pp. 31 et 52 : « En 1523, Étienne Garnier, dit de Vy (de Vicq), » donne à la chapelle du Cloître, par acte en date du 5 août, « huit ouvrées de vignes assises au finage de Langres. »

très évidemment, le charme principal de cette belle réunion.

Ce n'est pas, cependant, que ma tâche, du moins telle que je l'ai comprise, soit entièrement terminée.

Je suis très loin, il s'en faut, d'avoir achevé l'histoire du vin de Langres.

III

Je viens de vous énumérer les coteaux de notre banlieue — véritablement « aimés des cieux, » comme on n'eût pas manqué de les appeler au XVIIᵉ siècle — sur lesquels il se récoltait. Il me resterait, si je voulais ne laisser dans l'ombre aucun coin de mon vaste sujet, à vous dire ce qu'il devenait une fois récolté.

J'aurais, par conséquent, à le suivre avec vous dans ces bonnes caves de Langres que nous connaissons tous et qui autrefois, notons-le en passant, à en juger du moins par les très nombreux actes notariés qui me sont passés entre les mains, étaient une source sérieuse de revenus pour la population, car la plupart étaient divisées en plusieurs compartiments dont chacun, d'ordinaire, se louait à beaux deniers. J'aurais aussi à vous faire admirer les soins attentifs, délicats, presque religieux [1], dont ils étaient l'objet de la part de ces braves tonneliers langrois dont le métier, il est vrai, était bien un peu bruyant, mais dont la corporation fut longtemps une des plus vivantes de la cité [2]. J'aurais, enfin et surtout, à rechercher quel en était le sort ultérieurement.

Ce sort, vous le devinez sans peine, était extrêmement varié et son examen, si nous voulions nous y livrer, nous fournirait, à coup sûr, l'occasion de curieuses observations de plus d'une sorte. Ce serait tout un coin et

---

[1] *Pia testa.* V. Horace, *Odes,* III, 16, 1.

[2] Sur la corporation des tonneliers de Langres, voir Inventaire sommaire des Arch. de L., nᵒˢ 19, 657 et 1492. En 1789, on devine pourquoi, elle était bien déchue de son ancienne prospérité ; elle ne comptait plus que onze maîtres.

même plusieurs coins de l'histoire de notre ville qui s'évoqueraient devant nous.

La plus grande partie du vin de Langres était, naturellement, consommée par les producteurs eux-mêmes. Et, à cette occasion, il y aurait intérêt, grand intérêt même, à examiner les pots dans lesquels ce fut longtemps la coutume de le servir sur les tables de famille, et les tasses dans lesquelles on le buvait[1]. Les uns et les autres, en effet, portaient les marques de notre art local, ils étaient des produits de cette fonderie d'étain qui, je l'ai déjà dit, mais on ne le sait pas assez, fut longtemps une des industries les plus répandues et les plus lucratives de Langres[2].

Une autre partie du vin de Langres était vendue en détail par les propriétaires. Et les conditions dans lesquelles se faisait cette vente, comme vous allez voir, ne manquait pas de pittoresque. Beaucoup de vos ancêtres, et cela n'a rien de déshonorant pour vous, étaient ce qu'on appellerait aujourd'hui des *débitants* ou, si vous me permettez d'employer ce mot courant — qui n'est encore actuellement qu'un bâtard de la langue française, mais auquel l'Académie finira bien, tôt ou tard,

---

[1] Un souvenir de ces pots d'étain qui étaient, jadis, en usage dans les ménages langrois et dont il se rencontre encore parfois, mais rarement, des spécimens dans les mobiliers de la région, nous a été conservé dans l'ancien vocable de la rue Lombard actuelle qui, primitivement, s'appelait rue Pot, *vicus poti* (du nom d'une taverne qui, évidemment, avait pour enseigne un pot gigantesque et qui, plus tard, par corruption, devint la rue du Repos).

[2] L'histoire de la poterie d'étain à Langres serait à écrire. Parmi les très nombreux ouvriers qu'elle occupait, beaucoup étaient de vrais artistes. Tels étaient, par exemple, les Claude et Nicolas Tendard, les Pierre Ferry, les Simon Bontemps, les Nicolas Lambert, les André et Etienne Durand, les François Guillaume, les Claude Chevilley, les Louis Garnier... Trois familles dont les membres formèrent de vraies dynasties, se distinguèrent surtout dans cette industrie : les Jardel, les Milleton et, surtout, les Chalochet. Personne n'ignore qu'André Chalochet (et non pas Claude, comme l'appellent à peu près unanimement, par erreur, tous nos historiens) se fit un nom comme graveur à la fin du XVIIe siècle et au commencement du XVIIIe et devint « graveur ordinaire du Roi. » V. Charlet, *Langres sçavante*, v[o] *Chalochet*.

par accorder des lettres de légitimation — des « *bistros* ».
Seulement c'étaient des « *bistros* » d'un genre à part. Ils
vendaient leur récolte de vin à la porte de leurs caves et,
pour avoir le droit de le vendre en franchise, ils le vendaient par un trou pratiqué dans la porte close et sans
que l'acheteur pût entrer dans la maison. C'est ce qu'on
appelait le vendre « à huis coupé et à pot renversé. » Ce
curieux mode de vente, au sujet duquel les anciens langrois ont eu tant à lutter et contre l'Etat et contre la
Ville, et qui constituait une manière fort ingénieuse,
sinon de violer, du moins d'éluder la loi sans la trans-
gresser, serait, lui aussi, fort intéressant à étudier [1].

Une autre partie encore de la récolte langroise était
vendue aux hôteliers de la ville. Ceux-ci — moyennant
finances, naturellement — la donnaient à boire à leurs
clients. Or vous comprenez de vous-mêmes, sans que j'aie
besoin d'y insister, quel plaisir il y aurait pour nous à
visiter ensemble tous ces Etablissements aux noms et
aux enseignes souvent d'ordre zoologique, souvent aussi
au caractère religieux, qui étaient dispersés un peu partout et qui constituaient une partie, et non la moindre,
de la poésie populaire du Langres d'avant la Révolution [2].

Une dernière partie, enfin, était expédiée au dehors.
Et son exportation, comme bien on pense, n'allait pas
sans difficulté. Il fallait compter avec « Messieurs des
Aydes, » comme on appelait alors les commis de la Régie.

---

[1] V. Marion, *Dictionnaire des Institutions de la France aux
XVII⁰ et XVIII⁰ siècles* (Paris, 1923) v° *Cabaret*... V. Inventaire sommaire des Arch. de L., n⁰ˢ 17 et 657. Les habitants de
Langres obtinrent plus tard l'autorisation de vendre, en franchise, les vins du cru dans l'intérieur même de leur maison.
Mais c'était à la condition de ne fournir aux consommateurs
« ni verres, ni linge, ni chandelle. »

[2] On composerait un curieux petit livre avec l'histoire de
ces hôtels à chacun desquels se rattachait quelque souvenir
historique : le Duc de Bourgogne, le Port Enseigne, la Fon-
taine, l'Ecu de France, le Cerf volant, le Mouton, les Trois
Faisans, les Trois Pigeons, le Lion d'Or, le Cheval Blanc, les
Trois Rois, les Trois Marchands, le Signe de la Croix, le Saint-
Louis, le Petit Saint-Louis, le Petit Saint-Pierre, le Petit Saint-
Antoine, le Saint-Nicolas, les Bons Enfants...

On a certainement, et de beaucoup, exagéré leur sévérité.
Au fond, ils ressemblaient bel et bien au gendarme de
la chanson : ils étaient « bons enfants. » Mais, tout de
même, ils exerçaient, sur toutes les routes qui partaient
de Langres ou y conduisaient, une surveillance étroite
dont tout le monde se serait bien passé. Par vocation,
ils étaient ce qu'un écrivain du XVIIe siècle a dit qu'était
Louis XIV, c'est-à-dire « ennemis de la fraude. » Ils tran-
sigeaient encore assez souvent sur le prix des amendes,
mais jamais avec leur consigne, et la consigne ils la
tenaient — c'est tout dire — de M. le fermier général.
Que de procès sensationnels dès lors, que de récits de
rixes diurnes et surtout nocturnes d'où c'était plus d'une
fois la loi qui sortait « rossée, » ne rencontrerions-nous
pas sur notre chemin, si nous suivions jusque-là l'histoire du vin de Langres ! Mais tranquillisez-vous. Si
intéressante qu'elle pourrait être, je n'aurai pas le mauvais goût, après une conférence qui n'a que trop duré,
d'aborder l'étude de ces à-côtés de mon sujet. Je me con-
tente de vous les indiquer.

J'ai fini.

Avant de descendre de cette estrade où, pour la seconde
fois, m'a fait l'honneur et l'amitié de m'appeler la confiance — vraisemblablement trop confiante — de votre
intelligent et actif Syndicat d'initiative, je tiens à vous
remercier d'avoir bien voulu non seulement m'entendre,
mais encore m'écouter. L'attention que vous avez condes-
cendu à me prêter est d'autant plus méritoire que, je
vous en avais prévenu d'avance, la question traitée était
bel et bien aride.

Aucun de vous, j'en suis sûr, ne se sera mépris sur le
but de ma conférence.

Mon intention n'a nullement été de vous exhorter à
vous faire viticulteurs. « L'histoire se recommence, » a-
t-on dit. Cela est vrai, parfois, de l'histoire en général.

Mais cela n'est pas vrai de l'histoire économique. En pareille matière, il est difficile, pour ne pas dire impossible, de remonter le courant. Les vignes de Langres sont arrachées depuis plus d'un siècle. Elles le sont définitivement. Et ce n'est point pour vous suggérer l'idée de les replanter que je vous ai retracé leur histoire. Ma conviction est, au contraire, si vous me permettez, en terminant, de généraliser la question et de vous dire toute ma pensée, que, pour faire revivre l'époque heureuse où Langres méritait d'être appelé par un historien latin une « ville très opulente » [1], ce n'est pas vers les industries anciennes qui, il est vrai, ont enrichi vos pères, mais qui, comme la fameuse monture du vieux paladin carolingien, ont aujourd'hui un très grave défaut : celui d'être défuntes, que vous devez vous tourner ; c'est vers d'autres modes d'activité, c'est vers les nouveaux et innombrables modes d'activité auxquels vous convient les progrès incessants et, chaque jour, plus merveilleux de la science. L'évolution économique a ses lois auxquelles, bon gré mal gré, il faut se soumettre, et de ce qu'une chose a été, il ne s'ensuit pas qu'elle doive toujours être.

Mais pourquoi vous disais-je ces choses ? Vous savez mieux que moi à quelles conditions s'opérera le relèvement du vieil *Andematunum* et je n'ai pas à vous apprendre ce qu'il y a à faire pour l'empêcher de jamais tomber au rang des « villes mortes. »

Le but de ma conférence était beaucoup plus modeste ; il était d'ordre purement théorique : vous fournir une raison de plus d'estimer davantage le sol de Langres, ce sol qui, pour beaucoup d'entre vous, est le sol natal et qui, pour tous, est un sol aimé, en vous montrant qu'il est une terre d'une productivité absolument universelle et que son passé prouve que, contrairement à un axiome bien connu de l'auteur des *Géorgiques* [2], il est, pour ainsi dire, « apte à tous les genres de culture. »

---

[1] C'est le mot de Frontin sur Langres dans son *Stratagematicon.*

[2] II, 110 : « Nec vero terræ ferre omnes omnia possunt. »

Ai-je réussi, sur ce point, à porter la conviction dans vos esprits ? Je n'avais pas d'autre ambition.

J'ai voulu simplement vous démontrer deux choses.

La première, c'est que, plus heureux qu'Alfred de Musset, vos ancêtres non seulement « buvaient dans leur verre, » mais qu'ils buvaient de leur vin. La seconde, c'est que ce vin n'était nullement, comme on pourrait le croire, de la piquette, qu'il avait, au contraire, à la fois du montant et du bouquet et que, en un mot, il justifiait le qualificatif que Godifer — qui devait s'y connaître ! — lui a décerné.

C'était — cette épithète suffit amplement à sa gloire et on l'affaiblirait en y ajoutant quoi que ce soit — c'était du « bon vin de Langres. »

❃❧❃❧❃

Imprimerie Langroise, 4, rue Claude-Gillot